DÉSINFECTION

DES

ALCOOLS MAUVAIS GOUT

PAR

L'ÉLECTROLYSE DES FLEGMES.

7096 PARIS. — IMPRIMERIE DE GAUTHIER-VILLARS,
Quai des Augustins, 55.

DÉSINFECTION

DES

ALCOOLS MAUVAIS GOUT

PAR

L'ÉLECTROLYSE DES FLEGMES.

Aperçu historique de l'industrie de l'alcool. Progrès accomplis depuis la fin du XVIIIe siècle;

PAR

M. LAURENT NAUDIN,
Chimiste.

PARIS,
GAUTHIER-VILLARS, IMPRIMEUR-LIBRAIRE,
Quai des Augustins, 55.

1881

INTRODUCTION.

Toute idée nouvelle procède d'autres idées. L'ordre de leur succession, souvent inconnu des chercheurs eux-mêmes, forme un ensemble qu'il est intéressant d'étudier dans chacune de ses parties principales.

L'exposition de notre méthode de désinfection des alcools mauvais goût, par électrolyse des flegmes, sera donc précédée d'une rapide revue des moyens mis en pratique dans l'industrie, depuis la découverte des principes servant de bases à la rectification par les colonnes (XIIIe siècle).

Qu'il nous soit permis de remercier ici M. P. Schützenberger, notre maître, des conseils qu'il a bien voulu nous donner au cours de ce travail, fait dans son laboratoire, au Collège de France.

Nous ne devons pas non plus oublier MM. F. Delamare-Deboutteville fils aîné, et Gaston Boulet, de Rouen, à l'initiative desquels nous devons la réussite des longs et dispendieux essais industriels.

DÉSINFECTION

DES

ALCOOLS MAUVAIS GOUT

PAR

L'ÉLECTROLYSE DES FLEGMES.

Fermentation des matières sucrées. — La fermentation alcoolique des matières sucrées, outre la formation d'alcool vinique qui constitue le produit principal, donne naissance à une série nombreuse de corps, les uns nettement caractérisés, à fonctions chimiques connues, les autres seulement entrevus ou inconnus actuellement.

Parmi les premiers, nous trouvons :

Tous les alcools de la série grasse $C^n H^{2n+2} O$ [1], les butyrates d'éthyle, de butyle et d'amyle, l'acétate d'éthyle, l'œnanthylate d'éthyle, le valérianate d'amyle;

---

[1] Travaux de Scheele, Wurtz, Cahours, Balard, Chancel, Isidore Pierre, Faget.

L'aldéhyde, la métaldéhyde, la paraldéhyde, l'acétal (1);

Plusieurs bases appartenant à la série picolinique (2), l'alcool isopropylique;

La plupart des acides de la série grasse $C^nH^{2n}O^2$.

Enfin les travaux de M. Pasteur (3) ont montré que la glycérine et l'acide succinique étaient des produits *constants* de la fermentation alcoolique. Tous ces corps, sauf l'alcool éthylique, ne représentent qu'une très faible partie du produit total. Leur séparation est très pénible. C'est ce qui explique l'état d'incertitude qui règne actuellement sur la nature chimique de ces corps. Ils jouent, comme nous le montrerons par la suite, un rôle considérable dans les difficultés qu'opposent les alcools bruts (flegmes) à la rectification industrielle.

Mode de formation des corps étrangers à l'alcool vinique. — On peut se demander, dès maintenant, si tous ces corps ont été formés soit au cours de la fermentation, soit pendant la distillation des vins dans les colonnes, par réduction des alcools de la série grasse ou d'autres corps en présence

---

(1) *Bulletin de la Société chimique*, 1864, t. II, p. 479; 1871, t. XVI, p. 273.

(2) Rabuteau, *Congrès international pour l'étude des questions relatives à l'alcoolisme*, p. 89, n° 16.

(3) *Annales de Chimie et de Physique*, 3e série, t. LVIII, p. 330.

des matières organiques. On s'expliquerait ainsi la présence des aldéhydes dans les flegmes.

L'une et l'autre circonstance doivent entrer en ligne de compte; mais nous pensons que la haute température, à laquelle sont soumis les vins dans les colonnes, favorise dans une large mesure la formation de tous les corps fétides qui souillent les alcools bruts ou flegmes.

Cependant M. P. Schützenberger a démontré que l'aldéhyde vinique prenait naissance dans la fermentation alcoolique proprement dite même hors du contact de l'air.

Alcool mauvais goût. — L'ensemble de ces odeurs et de ces goûts étrangers à l'alcool vinique forme ce qu'on appelle, en industrie, *le mauvais goût*.

Alcool neutre. — Par opposition, l'alcool est dit *neutre* lorsqu'il est complètement dépouillé de mauvais goût.

Sa valeur commerciale est d'autant plus élevée que sa neutralité est plus parfaite.

Définition des termes techniques. — Avant d'aller plus loin et pour qu'il n'y ait aucune confusion, nous définirons quelques termes techniques qui reviendront souvent dans le cours de cette Notice. On entend par *moûts :* 1° les jus naturels sucrés (jus de raisin, prune, betterave, etc.);

2° les matières amylacées, saccharifiées, prêtes à subir la fermentation.

Les moûts fermentés portent le nom de *vins*, et le résultat de la distillation des vins est connu sous le nom de *flegmes* ([1]).

Les vins ont une teneur alcoolique de 4, 6 et même 15 pour 100. Les flegmes marquent de 45 à 80 pour 100 à l'alcoomètre de Gay-Lussac.

Les flegmes, quelle que soit la méthode de désinfection employée, doivent subir une rectification.

Les produits résultant de cette rectification n'ont pas tous la même qualité. On les divise en :

a. Alcool mauvais goût de tête (provenant du commencement de la distillation);

b. Alcool moyen goût de tête;

c. Alcool bon goût;

d. Alcool moyen goût de queue;

e. Alcool mauvais goût de queue (provenant de la fin de la distillation);

f. Alcools homologues supérieurs à l'alcool vinique, appelés improprement *huiles essentielles*.

Préparation de l'alcool concentré. — Premier moyen proposé. — La distillation a été le premier moyen proposé pour préparer l'alcool concentré. Dans la pensée des adeptes de la Chimie

---

([1]) Les alchimistes écrivaient *phlegmes* et désignaient au contraire par ce mot le résidu aqueux d'une distillation.

Hermétique, l'esprit-de-vin rectifié un certain nombre de fois recevait sa vertu des principes du feu. Aussi voit-on les alchimistes préoccupés d'écarter toute réfrigération des vapeurs alcooliques au moyen de l'eau, cette réfrigération pouvant enlever à la liqueur une partie de ce feu qui lui est essentiel.

On fit la même objection contre les serpentins, sous le prétexte que les circonvolutions et les longs trajets suivis par les vapeurs feraient perdre à l'alcool une partie notable de son calorique.

Des temps anciens au XIIe siècle on ne peut signaler aucun écrit marquant une connaissance des produits extraits des liqueurs fermentées.

Découverte de l'eau-de-vie au XIIIe siècle. — La découverte de l'eau-de-vie (1) et de l'alcool remonte au XIIIe siècle. On trouve pour la première fois dans les *écrits* de Raymond Lulle (1235-1315) et d'Arnaud de Villeneuve (1238-1314) la mention d'une nouvelle liqueur, l'eau-de-vie, comme une découverte toute récente. Les chimistes de cette époque en parlent tous comme d'une chose nouvelle, dont l'invention présage la fin du monde.

Il est curieux de voir que, dès cette époque,

(1) Étymologie latine : *aqua*, eau ; *vitis*, de la vigne, et non *vitæ*, de la vie, comme on le croit ordinairement (BESCHERELLE, *Dictionnaire national*).

Raymond Lulle avait imaginé de préparer l'alcool anhydre en le traitant par le tartre calciné. Il lui donna alors le nom d'*alcohol*.

Basile Valentin (XVe siècle) préfère obtenir ce résultat à l'aide de la chaux vive.

L'*eau céleste*, préparée par distillation au moyen de la chaleur solaire, passait pour avoir des propriétés et des vertus particulières empruntées à la chaleur divine.

Depuis la découverte de l'eau-de-vie jusqu'au commencement du XVIIIe siècle, la préparation de ce produit resta entre les mains des alchimistes, qui la conservèrent aussi secrète que possible. L'emploi de cette liqueur était, d'ailleurs, borné à la Médecine, et le haut mérite qu'on lui attribuait, aussi bien que sa rareté, n'en permettaient l'usage qu'aux personnes riches.

Du XIIe au XVIIIe siècle, on ne peut constater de tendances sérieuses vers le mouvement industriel.

Dès le commencement du XVIIIe siècle, l'illustre médecin hollandais Boerhaave s'occupe avec zèle de la distillation et des questions qui s'y rattachent. Ses travaux peuvent être considérés comme transitoires entre ceux des alchimistes et l'art industriel proprement dit.

Dans ses *Éléments de Chimie,* publiés à Leyde en 1732, il parle pour la première fois du serpentin réfrigérant tourné en spirale.

Moïse Charras (1676) avoue ne pouvoir fabriquer que quelques pintes d'eau-de-vie par jour avec ses appareils perfectionnés.

Laboratoires de distillation au XVIIIe siècle. — Bientôt les besoins de la consommation s'étendirent et l'on vit alors s'organiser partout des laboratoires de distillation pour la fabrication de l'eau-de-vie de vin. Des bouilleries ou brûleries s'établirent en plusieurs endroits et l'on commença à soulever des questions économiques relativement à cette industrie naissante.

En 1713, le roi défend de fabriquer des eaux-de-vie avec d'autres matières que le vin. Cette prohibition avait pris naissance dans le tort fait aux distillateurs de vin par ceux qui distillaient d'autres liqueurs fermentées, telles que les cidres et poirés, les bières, les hydromels.

En 1766, la Société d'Agriculture de Limoges met au concours la question suivante :

Quelle est la manière de brûler ou de distiller les vins la plus avantageuse, relativement à la quantité et à la qualité de l'eau-de-vie et à l'épargne des frais?

En 1777, la Société libre d'émulation pour l'encouragement des Arts, à Paris, propose un prix pour cette autre question :

Quelle est la forme la plus avantageuse pour la construction des fourneaux, des alambics et de tous les instruments qui servent à la distillation des vins dans les grandes brûleries?

En 1779, M. Poissonnier présente au Ministre de la Marine un appareil distillatoire, fonctionnant avec succès depuis 1770, qu'il appliquait à la distillation des vins et à celle même de l'eau de mer. Une Commission, composée de Turgot, Trudaine, Montigny, Macquer, Leroy, Lavoisier, Desmarets, fit sur cet appareil le rapport le plus élogieux.

Première grande brûlerie. — C'est en l'année 1780 que remonte l'établissement de la grande brûlerie fondée par M. de Joubert dans son domaine de Valignac, près de Montpellier, et dont il confia l'exécution aux frères Argand, de Genève.

De nombreux perfectionnements mécaniques aux appareils ont, à cette époque, contribué largement aux progrès de la distillation industrielle des vins. Nous citerons les fourneaux Demachy (1775), celui de Ricard, distillateur à Cette, chauffé à la houille (1776), ceux de Baumé, de Moline, de Rumford (*Essais politiques, économiques et philosophiques*, 1798), de Curaudau (1765-1813).

Nous n'entrerons pas dans la description des appareils usités, des fourneaux et moyens calorifiques employés par les distillateurs pendant cette période de six cents ans (1200-1800). A ce sujet, nous renvoyons le lecteur à l'excellent Traité de M. Basset sur la fabrication des alcools, auquel nous avons emprunté les détails historiques qui précèdent.

Nous dirons cependant qu'on retrouve, pour ce qui concerne la distillation, un certain nombre de principes, de méthodes bien établies, ou même de simples particularités, dont il importe de tenir compte si l'on veut embrasser d'un rapide coup d'œil les progrès réels accomplis dans cette industrie depuis le commencement du XIXe siècle.

Ainsi c'est à Raymond Lulle et à Basile Valentin (1235-1315) que remonte l'emploi de la chaux et du carbonate de potasse pour déshydrater l'alcool. La rectification par les alambics date des premiers temps de l'invention.

Porta, inventeur de la colonne à plateaux. — A la même époque, Porta, dans son *Traité des distillations,* décrit, sous le nom d'*hydre,* un dispositif qui n'est autre chose que la *première idée de la colonne.* Les séries de vases distillatoires de Glauber et de Woolf ne sont qu'une extension heureuse de l'invention de Porta. Ils transformèrent les condenseurs verticaux en condenseurs horizontaux.

Nicolas Lefèvre (1) a fait la première application de la réfrigération des vapeurs, exécutée non plus sur le chapiteau, mais bien sur le tube abducteur des vapeurs, et cela d'une *manière continue.*

---

(1) *Traité de Chimie,* 1674.

Glauber, inventeur du chauffe-vin (XVIIe siècle). — C'est à Glauber qu'est due l'idée, féconde en résultats économiques, du chauffe-vin.

S'il est incontestable que les principes sur lesquels l'art du distillateur repose ont été découverts avant le XIXe siècle, il est certain, d'un autre côté, que l'application industrielle de l'appareil de Glauber et de Rumford a été faite par Édouard Adam, de Rouen, qui breveta son invention le 1er juin 1801.

Édouard Adam, de Rouen, en 1801, rend industriels les principes découverts par Porta et Glauber. — C'était, pour l'époque, une révolution totale dans cette industrie. Édouard Adam monta, avec l'aide de capitalistes, vingt brûleries ou distilleries dans le Midi; plus d'un million fut engagé dans cette entreprise, hardie pour l'époque. Mais bientôt s'élevèrent des appareils calqués sur le sien; une suite de procès s'engagea entre Adam et ses contrefacteurs. Ceux-ci gagnèrent leur cause, et le malheureux Adam, après avoir doté le midi de la France d'une industrie qui devait tant contribuer à la richesse de cette contrée, mourut dans la misère et le dégoût à la fin de 1807 (1).

La découverte d'Édouard Adam a été perfectionnée, dans ses détails et modes d'exécution, par

(1) J. Girardin, *Notice biographique sur Édouard Adam*; Rouen, 1836.

Lenormand, Menard, Alègre, Carbonel, Cellier-Blumenthal, Armand Savalle, Derosne et Cail, Laugier, Dubrunfaut, Egrot, Franck-Delarue, Robert de Vienne, etc. (1).

Tous ces appareils ou modifications d'appareils ne s'appliquaient, au début, dans la presque totalité des cas, qu'à la distillation du vin de raisin; mais depuis les deux désastreuses maladies de la vigne, l'oïdium et le phylloxera, les savants et les industriels durent rechercher les moyens d'extraire économiquement les principes *alcoogènes* que pouvaient fournir certains végétaux sucrés ou féculents.

Principes alcoogènes. — L'industrie s'est alors emparée des faits constatés par la science, et partout se sont élevées des usines où l'alcool a été produit dans des proportions énormes.

On a exploité, en Algérie, les dattes, les figues douces, les figues de Barbarie, la racine d'asphodèle;

A la Guyane française, les mangues;

A l'île de la Réunion, la racine de manioc, les fruits de bibasse et de jamrosa;

En Esclavonie, les prunes;

(1) Nous renvoyons pour tous les détails de ces perfectionnements au *Traité de la fabrication de l'alcool* par Basset, (*loc. cit.*), et aux brevets nos 78 788, 101 921, 107 436, 107 919, 110 420, 122 760, 123 622, 127 769, 129 471, 130 713, 132 440, 133 532.

En Bohême, les prunes, le maïs et les mélasses ;

En Prusse, le seigle, le froment, le maïs, le sarrasin, les châtaignes, la pomme de terre ;

Dans le Jura, l'Alsace et la Suisse, la racine de gentiane ;

Dans l'Hérault, les mûres blanches ;

Dans l'Aisne et ailleurs, les tubercules de topinambour ;

Dans le Var et la Marne, le sorgho à sucre ;

Dans les départements du Nord et de l'Ouest, la betterave, le riz, le dari ou graine de millet, les raisins secs, les mélasses de betteraves (1).

Obtention industrielle des alcools; leur rectification et leur désinfection. — Les moyens actuels employés ou proposés depuis quinze ans pour obtenir industriellement les alcools dits *bon goût* sont de deux natures :

1° *Les moyens physiques*, représentés par les appareils à rectifier, les charbons absorbants (noir animal et charbon de bois) et l'huile d'olive ;

2° *Les moyens chimiques*, ayant pour but la destruction des mauvais goûts.

Tous deux suivis d'une rectification dans les appareils.

Critique de la rectification par les colonnes. — Nous présenterons quelques observations cri-

---

(1) J. Girardin, *Leçons de Chimie élémentaire*, 1880, t. III, p. 515.

tiques sur l'application du principe servant de base au fonctionnement de ces appareils, et nous montrerons que la rectification (comme l'entendent les distillateurs d'alcool et non d'eau-de-vie), bonne si on la fait précéder d'un traitement chimique, est défectueuse, à tous égards, si on l'emploie seule.

Rappelons, encore une fois, que les flegmes alcooliques sont un mélange très complexe de corps bouillant à des températures très différentes. Or la rectification, par les colonnes, repose sur ce fait que, si l'on vient à refroidir incomplètement un mélange de vapeurs de deux liquides A et B (nous prendrons un cas simple, l'eau et l'alcool à volumes égaux par exemple), ce sont les vapeurs du liquide à point d'ébullition le plus élevé A (l'eau) qui se condenseront les premières, tandis que les vapeurs du liquide à point d'ébullition le plus bas B (l'alcool) pourront être dirigées dans un récipient spécial et liquéfiées par refroidissement.

On conçoit que pour arriver à ce but on ait imaginé de nombreux dispositifs.

Beaucoup se recommandent par un agencement d'organes bien combiné, un fonctionnement régulier et des rendements relativement satisfaisants, mais aucun, jusqu'à présent du moins, ne peut éviter que le liquide condensé le premier n'ait une tension de vapeurs à la température à laquelle a lieu le fractionnement. De plus l'eau et l'alcool, même en vapeurs, forment une combinaison que la rectification dans les colonnes est impuissante à détruire en totalité. Il en résulte ceci : que le second liquide B s'est bien appauvri du premier A, mais n'en est pas complètement dépouillé. *En d'autres termes, on ne peut actuellement obtenir d'alcool absolu par la rectification au moyen des colonnes.*

On peut nous répondre que l'industrie des alcools n'exige pas d'alcool anhydre et qu'il n'y a donc pas lieu de rechercher les moyens physiques d'obtenir ce corps à cet état.

Ce n'est pas là non plus ce que nous voulons prouver.

Ce qu'il importe de montrer, c'est que l'obtention d'alcool chimiquement pur par les colonnes est physiquement impossible, même si l'on a recours à des rectifications successives du même produit.

En industrie, ces opérations consécutives se traduisent par une augmentation sensible du prix de revient.

Séparation impossible des mauvais goûts contenus dans les flegmes. — Ce que nous venons de dire indique nettement que, si la séparation de corps, comme l'alcool et l'eau, est pénible (1), *a*

(1) Isidore Pierre et Puchot ont proposé le carbonate de potasse pour opérer la déshydratation de l'alcool, brevet

fortiori celle de corps odorants et sapides, contenus en très petite quantité dans l'alcool, est-elle difficile, sinon impossible.

Nous pourrons citer les cas de l'alcool éthylique et de l'aldéhyde butylique. Le premier bout à 78°, le second à 75°. Ces points d'ébullition, très peu éloignés l'un de l'autre, ne permettent pas d'obtenir un fractionnement même approché.

Distillation, par le vide et le froid, des flegmes alcooliques. — Il arrive souvent que le rapport des tensions de vapeur de deux liquides à une basse température est fort différent de celui de ces tensions à une température plus élevée.

Aussi avons-nous été amené, il y a deux ans [1], à rechercher si la distillation des flegmes *par le vide et un froid énergique* ne donneraient point des résultats plus satisfaisants. Il est incontestable que l'analyse des vapeurs se fait mieux, la distillation d'une même quantité de liquide est plus rapide; mais les alcools ainsi obtenus ne présentent pas une supériorité telle qu'on doive abandonner l'ancien système.

Ainsi donc les défauts inhérents à la distillation en général subsistent même avec l'application du vide et du froid.

---

n° 89878. Nous rappelons que Raymond Lulle (1235) avait déjà indiqué le tartre calciné (carbonate de potasse) pour préparer l'alcool anhydre.

[1] Naudin et Schneider, brevet du 12 avril 1879, n° 130 127.

Donc la distillation par les colonnes *seules* est impuissante à donner des alcools *neutres*, du moins avec les appareils actuellement usités.

Emploi du noir animal. — Le noir animal, très en faveur il y a quelques années, a dû être abandonné, parce qu'il était trop coûteux d'entretien et pour ce fait observé bien souvent, que des quantités appréciables de matières empyreumatiques sont retenues mécaniquement dans les pores du noir, malgré les lavages à l'acide chlorhydrique.

Ces matières odorantes, insolubles dans l'eau, solubles dans l'alcool, communiquent, au bout de quelques semaines, aux alcools désinfectés par ce procédé, un goût persistant de baudruche en putréfaction.

On voit maintenant pourquoi le noir, impropre à la désinfection des flegmes alcooliques, peut néanmoins servir à décolorer les jus en sucrerie.

Emploi du charbon de bois. — Le charbon de bois ne présente pas le grave inconvénient que nous venons de signaler à propos du noir animal, mais il a été constaté que ses propriétés désinfectantes s'usent très rapidement [1].

Procédés de désinfection par le coke et l'huile d'olive. — Nous rappelons seulement pour mé-

---

[1] Poncowski et Biron, brevet n° 34286 (1857).

moire les procédés basés sur l'emploi du coke ou de l'huile d'olive, le coke comme absorbant, l'huile d'olive pour dissoudre ce qu'on appelle improprement les huiles (alcools $C^{n}H^{2n+2}O$ homologues de l'alcool éthylique). Ces moyens, d'après nos renseignements personnels, n'ont point donné de résultats industriels satisfaisants ([1]).

L'huile d'olive, battue avec les flegmes, enlève bien certains mauvais goûts très volatils, mais par contre laisse dans l'alcool un goût de rance, provenant de l'huile ayant subi le contact de l'air ou de la vapeur d'eau.

Procédés chimiques. — Les procédés chimiques mis en œuvre depuis quinze ans dans l'industrie des alcools en vue de purifier les flegmes peuvent se classer approximativement en trois catégories.

A. *Produits oxydants :*

Hypochlorites, acide nitrique, acide chromique, oxygène ozonisé, oxygène, air, permanganates, oxydes métalliques, chromates;

Chlorures, bromures, iodures métalliques, chlore, brome, etc.

B. *Produits dont l'emploi se justifie par des propriétés spéciales :*

Éthylate de soude;

Aluminate de baryte;

Potasse, soude, ammoniaque;

([1]) Figuier, *L'année scientifique et industrielle,* t. IV, p. 172.

Cendres, carbonates alcalins ;
Chaux ;
Acétate de plomb, azotate d'argent ;
Métaux facilement sulfurables ;

C. *Produits divers sans but précis expliqué :*
Tannin, acide tannique ;
Phosphate d'alumine, acide sulfurique, alun.

Produits oxydants (catégorie A). — Sans aucun doute la série des corps oxydants est la plus importante par les résultats obtenus.

Dans le cas actuel, les oxydants, par leur mode d'emploi, détruisent, il est vrai, tout ou partie des mauvais goûts contenus dans les flegmes, mais engendrent inévitablement d'autres goûts étrangers au *goût pur* de l'alcool. Il suffit, par exemple, de faire remarquer ce qui se passe lorsqu'on additionne les flegmes alcooliques d'acide nitrique.

Consécutivement à l'oxydation de quelques corps étrangers et à leur disparition, on constate nettement la formation d'éther nitrique à odeur aromatique.

Mêmes observations à faire dans l'emploi des chlorures, bromures, iodures métalliques, permanganates, hypochlorites, etc., les produits secondaires formés différant seuls par la nature de l'oxydant : ainsi les hypochlorites donnent naissance à du chloroforme s'ils sont employés à chaud ; les permanganates, à des aldéhydes et à des acides de la forme $C^n H^{2n} O^2$ (l'acide valérique par oxydation de l'alcool amylique).

Désinfection des flegmes par barbotage d'air. — A notre avis, le seul procédé ayant rendu quelques services dans l'industrie est celui qui est fondé sur l'oxydation des flegmes par barbotage d'air pendant la rectification [1]. Il n'est pourtant pas exempt de critique, comme nous allons le montrer.

En principe, ce système consiste à insuffler de l'air chaud ou froid dans les flegmes pendant la rectification. Dans ces conditions, l'air agit par oxydation sur une partie des mauvais goûts, puis par entraînement mécanique sur la partie des corps volatils de tête. Il y a *drainage,* comme dit l'un des auteurs du procédé.

On sait en effet que, lorsque les gaz traversent des liquides mélangés et convenablement chauffés, ils détruisent généralement l'équilibre qui s'était produit dans la tension de leurs vapeurs ; on arrive, dès lors, à les séparer presque complètement. C'est là certainement la partie la plus intéressante du procédé, car, relativement au premier point, on peut adresser au système le reproche de mettre d'énormes quantités d'oxygène au contact de vapeurs d'alcool, ce qui produit nécessairement

(1) Lair, brevet n° 74 730 (1867). — De Beaurepaire, brevet n° 101 921 (1874). — Billet, brevet n° 111 058 (1876).

des quantités appréciables d'acide acétique et d'éther acétique : d'où perte en alcool.

Désinfection par l'air ozonisé et l'oxygène sous pression. — Les mêmes inconvénients se retrouvent dans le procédé américain et dans une autre méthode brevetée cette année ([1]), qui consistent tous les deux à injecter de l'air ozonisé au lieu d'air chaud dans les flegmes ([2]).

Nous mentionnerons seulement pour mémoire la méthode de désinfection consistant à faire réagir sur les flegmes l'oxygène sous pression, dans de grands vases en fer hermétiquement clos. Nous ne connaissons aucune usine en France où elle ait été appliquée industriellement.

Désinfection par les alcalis (catégorie B). — La catégorie B comprend d'abord tous les alcalis et l'éthylate de soude agissant, d'après M. Maumené, comme désulfurant ([3]). Nos recherches personnelles, confirmées par le dire d'habiles praticiens, nous ont montré que les alcalis, loin de détruire l'infection des flegmes, augmentaient encore l'odeur infecte et la mauvaise saveur dans de notables proportions; nous ne connaissons pas d'exceptions à cet égard

---

([1]) Eisenmann, brevet n° 140 639 (1881).

([2]) En 1872, Pasteur avait déjà indiqué l'ozone comme agent de vieillissement des vins et des eaux-de-vie.

([3]) Maumené, brevet n° 86 636 (1867).

Il suffit, après saturation des acides contenus normalement dans les flegmes, d'ajouter des traces de potasse, par exemple, pour engendrer une odeur et une saveur d'essence de cannelle rance, que plusieurs rectifications successives sont impuissantes à enlever. Il en est de même pour les sels neutres à réaction alcaline, comme les carbonates de soude et de potasse.

Quant aux métaux facilement sulfurables ou leurs alliages cités dans le brevet 86 636, leur effet sur les flegmes de l'industrie (betteraves, mélasses, maïs) est absolument nul, comme nous nous en sommes assuré nous-même.

L'emploi de l'acétate de plomb est indiqué comme précipitant le soufre existant à l'état de produits volatils.

L'azotate d'argent est proposé sans explication de réaction [1].

Ces deux procédés n'ont point reçu en France de sanction sérieuse dans la pratique.

Désinfection par des produits proposés empiriquement (catégorie C). — La troisième catégorie, C, renferme les produits chimiques dont l'effet sur les flegmes n'est point connu ou indiqué. L'idée qui a présidé à leur emploi est certainement du domaine de l'empirisme.

Comment, en effet, s'expliquer la réaction pro-

---

[1] Berlien, brevet n° 129 704 (1879).

duite sur les flegmes par l'alun, le phosphate d'alumine, le tartre, etc.?

Ainsi l'acide sulfurique, que nous avons rangé dans cette catégorie, engendre avec les flegmes, sans aucun profit pour le fabricant, des éthers en quantités appréciables, ce qui ne répond nullement au goût cherché, qui doit être *neutre*.

Cette rapide revue nous montre que, de tous les procédés chimiques proposés, l'oxydation convenablement dirigée, suivie d'une rectification par les appareils à colonnes, a seule donné des résultats industriels sérieux. Mais le plus souvent, par suite des difficultés inhérentes au mode d'emploi de ces corps, on se contente de rectifier simplement les flegmes par les colonnes. Il en résulte ce fait que, de *premier jet*, on n'obtient, à la rectification, en moyenne, que 50 pour 100 d'alcool bon goût, tandis que les autres 50 pour 100 sont rectifiés à nouveau deux, trois et même six fois.

Chaque rectification entraîne nécessairement des frais de main-d'œuvre, de chauffage, et des pertes d'alcool pouvant s'élever à 1, 2 et 3 pour 100 par chaque rectification de l'alcool mis en œuvre.

Il nous a semblé qu'il y avait là un réel progrès à réaliser. La voie suivie par nous diffère essentiellement de celles que nous venons d'exposer plus haut.

Désinfection des flegmes par hydrogénation en milieu neutre. — Au lieu d'oxyder les flegmes nous les hydrogénons, nous appuyant sur ce fait, passé inaperçu et cité plus haut, que les flegmes contiennent des corps non saturés (outre l'aldéhyde vinique) en quantités infiniment petites, très odorants et sapides, parmi lesquels on rencontre l'aldéhyde butylique et l'aldéhyde amylique.

Nous pouvons employer l'oxydation, mais ce n'est que secondairement, et dans des conditions spéciales que nous préciserons plus tard.

Quoi qu'il en soit, nous avons trouvé que l'hydrogénation par un couple métallique désinfectait *toute espèce de flegmes* et que les rendements en alcool bon goût, de premier jet, augmentaient dans la proportion de 25 à 30 pour 100.

L'idée de faire agir un couple métallique dans un liquide n'est pas nouvelle ; elle remonte à l'année 1803 (1).

Vilson annonce qu'un mélange de poudres de zinc et de cuivre, obtenues en frottant l'une contre l'autre deux plaques de zinc et de cuivre avec de l'égrisée, décompose l'eau *pure* avec dégagement d'hydrogène.

Parmi les applications que Becquerel a faites de ce principe en 1830, nous citerons la préparation des chlorures d'argent et de plomb cristallisés au moyen des couples platine-argent et charbon-plomb plongés dans l'acide chlorhydrique, et en particulier l'emploi du couple zinc-cuivre plongé

(1) *Gilbert's Annalen*, t. XIV, 1803.

dans une solution potassique et silicique pour la production de l'oxyde de zinc hydraté cristallisé (1).

Gladstone et A. Tribe. — Ce n'est qu'en 1873 que MM Gladstone et Tribe appelèrent de nouveau l'attention sur les actions produites au sein d'un liquide par un couple voltaïque, et principalement par le couple zinc-cuivre (2). Leur couple était disposé d'une nouvelle façon.

Couple zinc-cuivre. — Si l'on plonge une lame de zinc dans une solution d'un sel de cuivre, cette lame se recouvre d'un dépôt métallique. Lorsque tout le cuivre a été déposé, elle constitue un véritable couple zinc-cuivre, mais dans lequel le cuivre est dans un état très divisé.

Ainsi préparé, ce couple jouit de la propriété de décomposer l'eau *pure* avec dégagement d'hydrogène et formation d'hydrate d'oxyde de zinc. Il peut, par suite, agir facilement dans les liqueurs *neutres*, et constitue un agent puissant d'*hydrogénation*. C'est une *électrolyse* avec cette particularité, que l'oxygène provenant de la décomposition de l'eau est absorbé par le zinc au fur et à mesure de sa production.

---

(1) A. Guérout, journal *la Lumière électrique*, 5 mars 1881, p. 183.

(2) Gladstone et Tribe, *Chemical Society of London*, t. II, p. 452; 1873.

Or, si l'on met des flegmes, marquant 40° à 65° alcoométriques, au contact d'un semblable couple en activité, on constate que l'hydrogène dégagé est absorbé et que l'odeur et la saveur des flegmes disparaissent assez rapidement.

Ces flegmes hydrogénés (maïs, mélasse de betteraves), rectifiés par les appareils actuels, accusent une augmentation de 25 à 30 pour 100 d'alcool bon goût sur les rendements anciens ([1]).

Application industrielle du couple zinc-cuivre. — Nous allons maintenant exposer l'application industrielle que nous venons faire de ce nouveau mode de désinfection des flegmes ([2]).

Toute espèce de couple métallique décomposant l'eau à la température ordinaire doit pouvoir nous servir à la désinfection des flegmes, mais il est évident qu'en industrie nous avons dû faire un choix. Le couple zinc-cuivre est celui qui, dans la pratique, donne les meilleurs résultats.

Sa marche est régulière et les frais d'établissement sont peu élevés, comme nous le verrons à la fin de cette Notice.

([1]) Nous trouvons dans le *Traité des dérivés de la houille*, de Ch. Girard et G. de Laire, p. 341, l'idée d'opérer la réduction de la nitrobenzine en la mettant en présence d'eau et de fonte pulvérisée dont la moitié est recouverte de cuivre par immersion dans une solution de sulfate cuivrique (Coblentz).

([2]) Naudin et Schneider, brevet n° 138 468, 30 août 1880; brevet n° 139 690, 17 novembre 1880.

Le couple fer-cuivre peut lui être substitué dans certains cas, mais son énergie électrolytique est moindre que celle du couple zinc-cuivre.

L'installation industrielle de la pile est des plus simples.

Le zinc en rognures (*fig.* 1) est placé dans une cuve en bois, en cuivre ou en fer, par lits *a*, *a'*, *a''*, *a'''*, de 0^{m},15 à 0^{m},20 d'épaisseur. La cuve est fermée à la partie supérieure comme l'indique la *fig.* 1. Ces lits, formés par des doubles fonds en bois, percés de trous, reçoivent sur leur pourtour un serpentin *e e' e'' e'''*, permettant une circulation d'eau chaude en L. Les flegmes arrivent, ainsi que l'indique la flèche, par le tube de droite et, après hydrogénation, sont envoyés au rectificateur par le tube de vidange H. L'hydrogène dégagé pendant l'électrolyse, chargé de vapeurs d'alcool, vient barboter par le tube M dans le récipient R, contenant des flegmes ordinaires.

Pendant une heure environ, la pompe P aspire les flegmes dans le sens des flèches pour les ramener à la partie supérieure D de la cuve.

Ce mouvement de bas en haut assure une complète hydrogénation de toutes les parties infectes des flegmes mis en œuvre.

Le trou d'homme T permet le démontage et le nettoyage de la pile lorsqu'il y a lieu.

Le niveau N marque à tout instant le niveau du liquide dans la cuve.

Au lieu d'employer le zinc en rognures, qui se

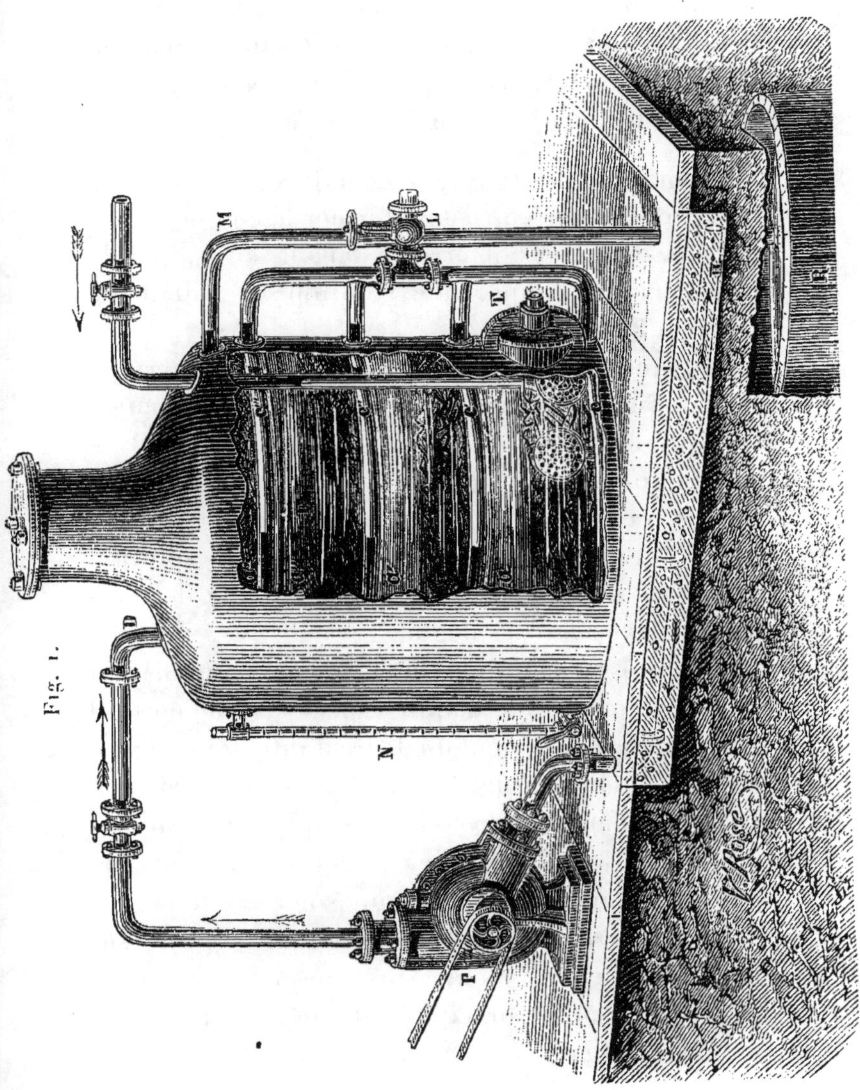

Fig. 1.

nettoie difficilement, on peut faire usage de lames de même métal placées verticalement ou horizontalement, mais séparées les unes des autres, à égale distance, par un bâti en bois.

Formation du couple zinc-cuivre. — La première opération consiste à former le couple.

Pour cela, on fait arriver dans la cuve, par le même jeu de pompe, une solution de sulfate de cuivre à 5 pour 100.

Lorsque la décoloration de la solution cuivrique est complète, ce qui a lieu au bout de deux heures environ, la précipitation du cuivre à l'état pulvérulent sur les copeaux ou les lames de zinc est opérée, et la pile est prête à fonctionner.

Il suffit alors de faire la vidange de la solution de sulfate de zinc qui baigne le couple et de remplir la cuve avec des flegmes.

Le temps de séjour des flegmes sur le couple n'est pas le même pour chaque espèce de flegmes. Il dépend nécessairement du degré d'infection du produit, de la température à laquelle a lieu l'hydrogénation et de l'état d'entretien du couple, dont on doit renouveler les surfaces de contact par de nouvelles précipitations de cuivre lorsque son activité baisse.

La température a une influence considérable sur la rapidité de la réaction. Ainsi une lame de zinc recouverte de cuivre précipité a donné, en une heure, $1^{cc},1$ d'hydrogène à $2^{o},2$ et 528^{cc} à 98° ([2]).

([1]) P. Schützenberger, *Traité de Chimie générale*, t. II, p. 62.

L'hydrogénation terminée, les flegmes sont envoyés au rectificateur à colonnes.

Il n'est pas inutile de faire remarquer ici que l'hydrogénation par les couples métalliques a lieu en milieu *neutre*.

Or l'état neutre, alcalin ou acide de la liqueur à hydrogéner n'est pas sans influence sérieuse sur la qualité de l'alcool bon goût obtenu par ce nouveau procédé.

Hydrogénation en milieu alcalin. — Nous pouvons hydrogéner par les métaux alcalins, mais dans ce cas les alcools obtenus (*en milieu alcalin*) sont de qualité très inférieure et ne pourraient servir comme alcools de bouche. M. Würtz a démontré que l'aldéhyde, de même que son isomère l'oxyde d'éthylène, est susceptible de fixer l'hydrogène et de se transformer en alcool sous l'influence de l'amalgame de sodium humide. M. Ch. Friedel, en généralisant la méthode, est arrivé à changer l'essence d'amandes amères (hydrure de benzoyle) en alcool benzylique (1).

Hydrogénation en milieu acide. — L'hydrogénation en milieu acide (par la décomposition de l'eau au moyen du zinc et d'un acide) peut servir utilement dans certains cas, mais ne peut être un

---

(1) *Répertoire de Chimie pure*, 1862, p. 351.

succédané de l'hydrogénation *en milieu neutre* ([1]).

L'action hydrogénante des couples métalliques (en milieu neutre) suffit le plus souvent à la désinfection totale des flegmes.

Plus-value, de premier jet, du rendement, en alcool bon goût, par hydrogénation des flegmes. — Avec les flegmes de grain et de mélasse de betteraves, la plus-value en rendement d'alcool bon goût de premier jet est de 25 à 30 pour 100. Cette plus-value en rendement d'alcool bon goût à la rectification est supportée spécialement par les moyens goûts de *tête*, qui pour les flegmes hydrogénés, disparaissent dans une proportion qu'on peut évaluer aux quatre cinquièmes des produits mauvais goûts de *tête* qu'on obtient par les procédés ordinaires de rectification ou de désinfection chimique.

Par le procédé de l'hydrogénation, le rendement en alcool mauvais goût de *queue* reste sensiblement le même qu'auparavant.

Ces nouveaux résultats s'expliquent naturellement si l'on se rappelle que les corps à saturer par l'hydrogène ont un point d'ébullition plus bas que celui de l'alcool vinique, et une tension de vapeurs plus grande que celle des alcools de la forme $C^n H^{2n+2} O$.

([1]) *Voir* brevets Naudin et Schneider, n°s 138 468, 139 690, 149 772.

La petite quantité de mauvais goût de tête obtenue par ce nouveau procédé, hydrogénée de nouveau et électrolysée, comme nous le décrivons plus bas, donne, *de premier jet,* la presque totalité de l'alcool mis en œuvre.

Nous devons ajouter que le prix du traitement d'un hectolitre de flegmes ne dépasse pas 15 à 20 centimes.

Dès le début de nos essais, sur l'invitation pressante de deux honorables industriels, MM. F. Delamare-Deboutteville et G. Boulet, distillateurs à Rouen, nous avons essayé l'hydrogénation des flegmes de betteraves (qu'on ne doit pas confondre avec les flegmes de mélasse de betteraves).

Eaux-de-vie de betteraves. — Les résultats économiques à obtenir sur ce point étaient considérables. L'eau-de-vie de betteraves, en effet, est un produit très déprécié sur le marché par son odeur et sa saveur des plus infectes, et par les difficultés énormes attachées à sa purification.

Nous devons l'avouer, les premiers essais ne furent pas concluants. L'hydrogénation de cette eau-de-vie amenait une très grande amélioration dans la qualité de l'alcool rectifié, mais on percevait, après rectification, un léger goût d'origine (un goût de betterave) dépréciant encore la valeur du produit.

Électrolyse des flegmes par les générateurs d'électricité. — Nous avons donc été amené, pour achever notre travail, à imaginer la seconde partie de la méthode, *l'électrolyse des flegmes par les machines génératrices d'électricité*, qui complète économiquement l'hydrogénation en milieu neutre par les couples métalliques [1].

Avant d'aborder la seconde partie de notre nouveau procédé, qu'on nous permette d'entrer dans quelques détails historiques montrant toute l'importance de cette industrie essentiellement *agricole*.

Historique de la fabrication de l'eau-de-vie de betteraves. — La betterave, à deux époques différentes, a successivement produit deux révolutions industrielles.

Elle est devenue, depuis le commencement du siècle, la matière première du sucre indigène et de l'alcool. Cette dernière industrie n'a pas acquis, néanmoins, tout le développement qu'elle comporte, comme nous le montrerons dans un instant.

L'honneur de la découverte du sucre indigène revient à Margraff, de Berlin [2]. C'est en 1747

---

(1) Au commencement de ce siècle, Gay-Lussac avait observé que l'électricité pouvait activer la fermentation. On a pris, pour cet objet, en 1877, un brevet ayant pour titre *Système de fermentation par l'électricité*, de Méritens, n° 114 968.

(2) *Opuscules chimiques* de Margraff. Traduction française. Paris, 1762.

que ce chimiste remarqua dans plusieurs racines, et principalement dans la betterave, un sucre cristallisable identiquement semblable à celui de la canne.

Margraff affirmait positivement, dès cette époque, que le sucre pouvait être extrait dans nos contrées tout aussi bien que dans celle où l'on cultivait la canne à sucre.

Ce n'est qu'en 1806 qu'on réalisa cette pensée féconde, à laquelle le blocus continental prêta son puissant appui.

Sous la Restauration, les travaux de Chaptal, de Mathieu de Dombasle et de M. Dubrunfaut dirigèrent cette fabrication dans la voie agricole. Ces travaux furent, pour la France, une source de richesse immense.

L'alcool de betteraves a subi les mêmes phases que le sucre. C'est aussi pas à pas qu'on est arrivé à l'extraire en grande quantité; car bien que l'idée de cette industrie remonte à la fin du XVIIIe siècle, ce n'est qu'en 1854 (1) qu'elle prit en France un rang sérieux.

Nous retrouvons dans les *Annales des Arts et Manufactures* l'exposé d'un *Essai de distillerie industrielle de betteraves,* par Outrequin, fait en 1793 dans la plaine des Vertus, à Saint-Denis (Seine).

Hermsbstadt, en 1808, dans les *Annales de*

(1) Payen, *Traité de la distillation de la betterave.*

Chimie (t. LXVI), publiait un article relatif à l'eau-de-vie de betteraves, où il disait que, sous ce nom, étaient comprises les eaux-de-vie tirées, soit des différentes espèces de betteraves, soit des carottes.

Il posait en principe que toutes espèces de racines abondantes en principe sucré et amylacé réunissaient les conditions nécessaires pour la fabrication de l'eau-de-vie ([1]).

Lampadius, professeur de Chimie à Freyberg, obtenait, en 1810, de l'alcool de betteraves en assez grandes quantités dans une fabrique de sucre qu'il dirigeait alors à Bottendorf, en Saxe ([2]).

Lenormand, dans son *Traité de l'art du distillateur* (Paris, 1817), après avoir indiqué les moyens à l'aide desquels, en Saxe, M. Forster, en 1770 et 1771, avait obtenu de l'eau-de-vie avec des carottes, prétend qu'à l'aide de ces mêmes moyens on peut aussi en obtenir avec la betterave.

Mais il est incontestable que la fabrication de l'alcool de betteraves n'est devenue réellement, en France, une industrie agricole que sous la puissante initiative de M. Dubrunfaut, en 1824.

A cette époque, il regardait ses procédés de distillation agricole de la betterave comme la source de richesses incalculables pour l'industrie française.

([1]) Duplais, *Distillation des alcools*, 1876, t. II, p. 171.

([2]) *Annales des Arts et Manufactures* d'Oreilly, juillet 1811, t. XLI, p. 82.

En 1845, M. Dubrunfaut s'efforça de démontrer dans une Notice les avantages des dispositions qui permettraient de combiner les opérations des sucreries avec celles des distilleries.

Dans son *Traité de la distillation des betteraves,* Payen dit avec beaucoup de force et de vérité que :

1° La quantité d'alcool obtenue, à surface cultivée égale, est plus considérable pour un terrain cultivé en betteraves que pour un terrain cultivé en pommes de terre ou en grains, et elle est plus économiquement obtenue, puisque les fermiers ont pris l'habitude de faire consommer à leurs bestiaux la pulpe ou les résidus de la distillation.

L'Agriculture aurait donc tout avantage à donner à la culture de la betterave la préférence sur celle de la pomme de terre ou du grain, qui lui offre moins de profit.

2° La distillation des jus ou liquides fermentés, plus facile et moins chanceuse que la même opération effectuée sur les matières pâteuses des grains ou des pommes de terre, engagera les agriculteurs à donner la préférence au traitement de la betterave, surtout avec l'aide des procédés Dubrunfaut et Champonnois, qui permettent de réunir dans la pulpe les matières salines et les substances azotées que l'on n'avait pas utilisées jusqu'à présent. On parvenait à extraire seulement les sels alcalins dans le traitement de la mélasse ; mais on croyait naguère devoir les perdre dans les vinasses, où ces substances se trouvent naturellement trop étendues pour être extraites économiquement, tandis qu'elles sont en proportion suffisante pour servir à l'alimentation du bétail.

3° Les divers moyens de conservation de la betterave, y compris même la dessiccation, auront, sans aucun doute, plus d'efficacité dans leur application à la matière première de la fabrication de l'alcool, que s'il s'agissait de l'extraction du sucre, car une transformation partielle de la matière sucrée en glucose ou le développement d'acides ou de ferments, si préjudiciables à l'industrie sucrière, n'auraient pas d'effet fâcheux sur le rendement en alcool.

4° L'influence des sols et des engrais trop abondants en matières salines, influence si grave sur l'extraction du sucre, ne change pas les conditions de la fabrication de l'alcool; du moins elle n'empêche pas d'obtenir un rendement en alcool proportionné à la quantité de sucre contenue dans la matière première.

5° Les difficultés plus ou moins grandes qu'une température ambiante habituellement élevée fait éprouver lorsqu'il s'agit d'extraire à l'état cristallisable le sucre des betteraves disparaissent dès qu'on se propose de transformer la matière sucrée en alcool.

Il résulte de toutes ces particularités que la distillation des jus de betteraves deviendra, sans aucun doute, une industrie annexe des fermes et des exploitations rurales, tandis que jusqu'à ce jour il n'a pas été possible d'introduire avantageusement l'industrie saccharine dans ces petites exploitations agricoles.

En outre, dans les fermes, l'industrie annexe de la distillation peut offrir l'avantage important de produire économiquement, ou gratuitement même, la nourriture des animaux par les résidus.

Statistique. — La campagne 1855-1856 a produit 80 000^{hlit} d'alcool de betteraves.

Pendant la période de quatre ans de 1856 à 1860, la production du même alcool a plus que quadruplé, puisqu'elle est représentée par 350 000^{hlit}.

Depuis dix ans, cette industrie est restée stationnaire, car la production pendant la campagne 1879-1880 ne s'est élevée qu'à 313 565^{hlit} d'alcool de betteraves à 100° [1].

Production totale française pendant la campagne 1879-1880. — Or, la production totale française pour cette dernière campagne (1879-1880) est de 1 425 980^{hlit}, qui peuvent se subdiviser ainsi :

	Hectolitres
Vins	4 929
Substances farineuses	385 785
Betteraves	313 565
Mélasses	709 925
Substances diverses	11 777
	1 425 980

(1) Direction générale des contributions indirectes.

A part la mélasse, qui trouve naturellement un débouché dans l'industrie de l'alcool, on voit que les substances farineuses, le vin et les substances diverses, tous corps alcoogènes, pourraient être remplacés avec grand profit pour l'agriculture et le commerce français ([1]) par la betterave.

L'ensemble de ces trois divisions forme

$$402\,490^{\text{hlit}},$$

c'est-à-dire que, abstraction faite des alcools fabriqués avec les mélasses, on pourrait augmenter d'un peu plus du double la culture de la betterave en France, *en vue de l'industrie de l'alcool* ([2]).

On doit en outre prévoir le moment rapproché de la disparition, sinon complète, du moins partielle, de la mélasse dans la fabrication du sucre.

Les procédés de l'osmose, employés couramment en Allemagne, permettent dès maintenant de *récupérer* une grande partie du sucre cristallisable contenu dans les mélasses, et il y a lieu de croire que l'adoption générale de cette méthode se fera en France dans un temps très court ([3]).

([1]) En fermant le marché français à l'importation étrangère des grains.

([2]) Ce qui représente 1 006 225^{qx} de betteraves, en supposant un rendement moyen de 4 pour 100 en alcool à 100°.

([3]) MM. Mathée et Scheibler, dans leur brochure sur le procédé de l'osmose (p. 35), disent que, par trois opérations osmotiques, on peut faire disparaître 75 pour 100 de la mélasse totale, et par conséquent récupérer une quantité proportionnelle de sucre cristallisable.

Pourquoi l'eau-de-vie de betteraves est-elle en défaveur? — Quelle est donc la raison pour laquelle l'industrie de l'alcool de betteraves n'a pas acquis son plein développement, alors que l'industrie du sucre de betteraves se complète tous les jours par d'incessants perfectionnements?

Voici, à cet égard, comment s'exprime M. Basset, dont la compétence en cette matière fait autorité (1) :

« C'est là (dans l'action des vinasses chaudes acides sur les cossettes) qu'on doit chercher la cause de cette infection, laquelle, du reste, ne présente pas beaucoup d'inconvénients si l'on ne veut créer que des alcools industriels.

» Le cas est plus grave s'il s'agit de livrer à la consommation le produit obtenu en le transformant en eau-de-vie.

» *D'ailleurs, on peut dire que personne jusqu'ici n'a produit d'alcools de betteraves assez purs pour en faire des eaux-de-vie de consommation, des eaux-de-vie de table* (2). »

---

(1) *Traité de la culture et de l'alcoolisation de la betterave*, p. 162.

(2) Depuis dix ans que la dernière édition de cet Ouvrage est publiée, le peu de progrès accomplis dans l'industrie des alcools n'infirment en rien les paroles de M. Basset.

Les 313565^{hlit} d'alcool de betteraves faits en France (1879-1880) sont obtenus par plusieurs rectifications physiques et chimiques; et l'on est en droit d'affirmer que l'alcool fabriqué dans ces conditions n'a jamais atteint une valeur vénale égale à celle de l'alcool de grain réputé le meilleur.

Les cours très bas des alcools de betteraves (1) montrent que le mauvais goût de ce produit oblige l'industriel à lui faire subir de nombreuses rectifications physiques et chimiques.

Malgré tout, actuellement, cet alcool est en grande défaveur auprès du consommateur, parce qu'il a été, bien et dûment, constaté que *le goût nauséabond de betterave qu'on semble avoir détruit par les procédés de rectification, cités plus haut, revient au bout d'un temps très court.*

La grande importance de la question nous a amené à essayer, de suite, quelle serait l'amélioration produite sur les flegmes de betteraves par l'hydrogénation au moyen du couple zinc-cuivre.

Comme nous l'avons déjà dit, la désinfection n'est pas *totale;* le goût de flegme disparaît rapidement, mais le goût de betterave, atténué, il est vrai, persiste même après une rectification.

Or la consommation, en France, exige impérieusement la disparition *totale* et *définitive* de ce goût.

L'enlever économiquement, c'était donner à cet alcool déprécié une valeur commerciale au moins égale à celle de l'alcool de grain (riz ou maïs).

---

(1) 58fr à 60fr l'hectolitre en 1880, tandis que l'alcool de maïs a présenté un cours moyen de 76fr l'hectolitre.

Électrolyse des flegmes déjà hydrogénés. — L'électrolyse des flegmes par les générateurs modernes d'électricité (machines Gramme, Lontin, Siemens) nous a fourni ce moyen [1].

Voici comment nous opérons.

Les flegmes de betteraves séjournent d'abord un temps suffisant sur le couple zinc-cuivre, pour assurer leur complète hydrogénation (deux jours au plus); puis ces flegmes hydrogénés (désinfectés en presque totalité, mais ayant encore un léger goût d'origine) sont acidulés d'un millième d'acide sulfurique et envoyés dans un voltamètre d'un agencement spécial, que nous décrirons en détail un peu plus loin.

Là ils subissent, sous l'influence du courant électrique, décomposant l'eau contenue normalement dans les flegmes, une oxydation qui détruit les traces de mauvais goût que l'hydrogénation en milieu *neutre* (couple zinc-cuivre) n'a pas atteintes. Il est probable que, dans l'appareil à électrolyser, l'oxydation est suivie d'une hydrogénation, car nous n'avons jamais pu isoler de quantités appréciables d'aldéhyde.

Désacidulation par le zinc. — Au reste, la saturation finale, par le zinc ou le fer, des flegmes acidulés, assure encore la destruction des dernières

---

[1] NAUDIN et SCHNEIDER, brevet n° 140 772 (1881).

traces de corps ayant pu échapper à la pile zinc-cuivre ou à l'électrolyse par les machines.

Les flegmes désacidulés sont dirigés dans le rectificateur à colonnes.

Les rendements industriels obtenus de premier jet sont les suivants (1) :

Flegmes de betteraves à 55°.

Bon goût de premier jet.

(Opération sur 4500^{hl}.)	(Opération sur 4500^{hl}.)
Couple zinc-cuivre et électrolyse par les machines.	*Rectification par la méthode ordinaire.*
80 pour 100 d'alcool de *qualité égale* à celle de l'alcool de grain.	Rien ne pouvant être comparé comme qualité à l'alcool de grain.

L'appareil électrolyseur (*fig.* 2) se compose d'un vase en verre A cylindrique, muni de deux tubulures *t*, *t'* à la partie inférieure. La partie supérieure est fermée hermétiquement par une plaque de verre rodée, maintenue solidement par une griffe en cuivre E.

Le tube d'amenée B des flegmes, percé de trous dans toute sa longueur, est fermé à la partie supérieure et maintenu à une courte distance de deux lames de platine (figurées en noir sur le dessin), représentant les deux électrodes du courant dis-

(1) Usine de M. G. Boulet, distillateur à Bapeaume-lès-Rouen (Seine-Inférieure).

tribué par des commutateurs sur la planchette PP'

Fig. 2.

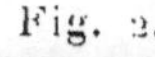

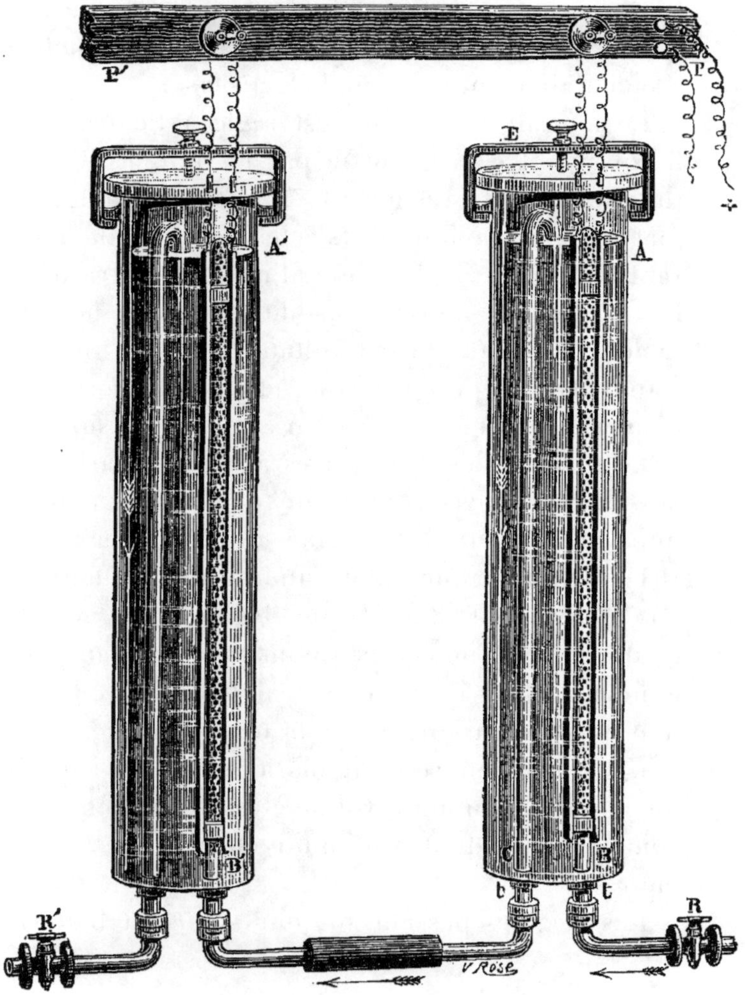

Les électrodes sont reliées au courant par des fils

traversant la plaque de verre rodée. Les petits trous, par lesquels passent ces fils, sont bouchés par du liège, faisant ainsi fonction de soupape de sûreté, au cas où l'un des tubes viendrait à se boucher accidentellement pendant l'électrolyse.

Le courant des flegmes est réglé à l'entrée par le robinet R et à la sortie par le robinet R′. Le tube de retour C, recourbé en forme de siphon, permet aux gaz produits de s'échapper avec le courant liquide et de barboter d'un voltamètre dans l'autre. Ce que nous venons de dire pour le voltamètre A s'applique au voltamètre A′; le tube de retour C du premier vase étant relié au tube d'amenée B′ du second vase A′, et ainsi de suite.

Le nombre des voltamètres accouplés varie nécessairement avec l'intensité de l'action à produire et la quantité de flegmes à désinfecter.

Dans la pratique, pour une usine (1) mettant en mouvement 300^{hlit} de flegmes par vingt-quatre heures, nous accouplons douze voltamètres et nous réglons l'action électrolytique à produire, non pas en variant le courant électrique d'intensité, mais en retirant ou ajoutant du circuit un nombre donné de voltamètres au moyen d'un commutateur dont est muni chacun des voltamètres.

Les flegmes passent toujours dans la batterie

(1) Usine de M. Boulet, distillateur à Bapeaume-lez-Rouen (Seine-Inférieure).

des douze voltamètres, mais sont électrolysés à volonté, soit dans les douze vases, soit dans un nombre restreint.

Il s'ensuit que la manœuvre de cet appareil est des plus simples. L'ouvrier n'a qu'à régler l'entrée et la sortie des flegmes en R et R′, et à mettre dans le circuit, au moyen des commutateurs en P, P′, le nombre de voltamètres dont il a besoin.

Avec un peu d'habitude on arrive facilement à régler l'action électrolytique, en constatant à la sortie en R′ l'état des flegmes dont l'odeur doit être dépouillée du goût d'origine si l'opération a été bien conduite.

L'établissement du système n'entraîne qu'une dépense très restreinte, car il suffit de cuves en bois ou en métal pour l'établissement de la pile zinc-cuivre, et d'un électrolyseur actionné par une machine dynamo-électrique (1).

L'électrolyseur n'est guère encombrant, puisque, pour une électrolyse de 300^{hlit} de flegmes par vingt-quatre heures, il suffit de deux ou trois

---

(1) On trouvera, à la fin de cette Notice, une vue d'ensemble de l'organisation générale des bacs en bois et en métal ainsi qu'un devis des dépenses à faire pour un traitement de 200^{hlit} de flegmes à 50°, représentant par conséquent 100^{hlit} d'alcool anhydre; mais nous ferons remarquer que le chiffre total donné est un maximum, car il arrivera souvent que des cuves en disponibilité dans une usine pourront remplacer les cuves neuves que nous comptons.

mètres carrés de surface et d'un petit bureau pour mettre l'appareil en verre à l'abri des accidents. Nous donnons (*fig.* 3) une vue perspective d'un électrolyseur à trois voltamètres qu'on peut accou-

Fig. 3.

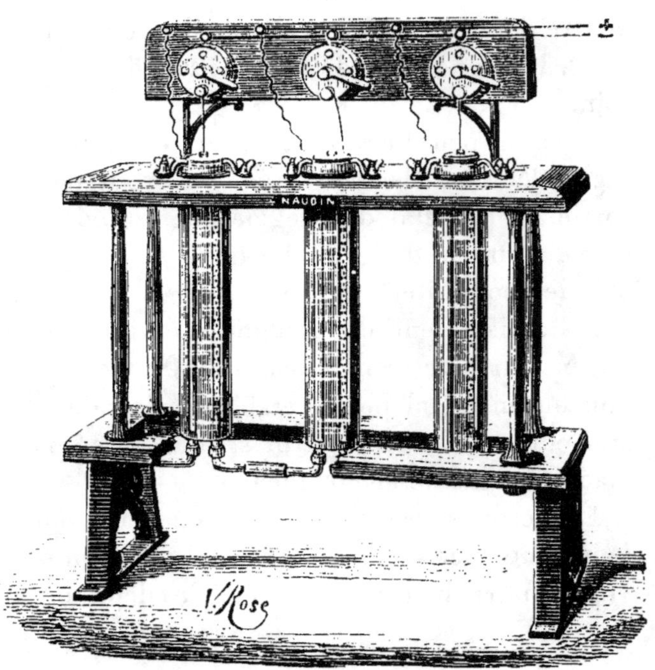

pler avec une autre batterie de trois, six ou neuf voltamètres [1].

---

[1] Ces appareils sont construits par M. Naudin, balancier-mécanicien, rue de la Savonnerie, 27, à Rouen.

La jonction des tubes en verre se fait au moyen de caoutchouc; celle du courant électrique par les fils marqués ±.

La surveillance de l'ensemble des bacs et de l'électrolyseur n'exige qu'un homme par douze heures.

Notre procédé a reçu la sanction de la pratique. Depuis le 15 mars 1881 nous avons pu, dans l'usine de M. G. Boulet, à Bapeaume-lez-Rouen, traiter 200 000^{lit} d'alcools de trois provenances : mélasses, maïs et betteraves.

L'eau-de-vie de betteraves nous a donné des résultats sur lesquels nous appelons vivement l'attention des distillateurs, et surtout celle des cultivateurs français.

Nous n'hésitons pas à croire que, si l'agriculture française veut bien partager notre conviction, il y a, dans l'adoption de notre nouvelle méthode de désinfection par électrolyse, un nouveau débouché pour les fermiers français, ayant à lutter contre la concurrence étrangère.

Certainement chaque fermier ne deviendra pas rectificateur, mais il peut, et à très bon compte, sans grands frais d'établissement, adjoindre à sa ferme une distillerie agricole dans le système préconisé par M. Champonnois, et que nous avons vu fonctionner avec succès dans quelques parties de la Normandie, notamment chez M. François Delamare-Deboutteville fils aîné, à Fontaine-le-Bourg.

Amélioration de la qualité des alcools désinfectés par hydrogénation. — Il nous reste un mot à dire sur la qualité de l'alcool préparé avec des flegmes *hydrogénés*. Nous avons indiqué, au commencement de cette Notice, que la présence de l'aldéhyde vinique C^2H^4O avait été constatée dans les flegmes de toute nature.

Celle des aldéhydes homologues supérieures est, pour nous, hors de doute.

L'action de l'aldéhyde vinique sur l'économie animale a été l'objet d'études spéciales de la part de MM. Is. Pierre, Rabuteau ([1]), Dujardin-Beaumetz et Audigé, Albertoni et Lussana.

Suivant Dujardin-Beaumetz et Audigé ([2]), l'aldéhyde serait un poison des plus violents, ayant une action élective et spéciale sur le système nerveux.

On peut donc conclure que la transformation de ces corps en alcools correspondants doit améliorer sensiblement la qualité de l'alcool rectifié.

Observations particulières. — Nous donnons plus loin un devis des dépenses, nécessitées par l'installation de notre procédé, pour une quantité déterminée d'alcool, ainsi qu'un Tableau des es-

---

([1]) Rabuteau, *Questions relatives à l'alcoolisme* (*Congrès international*, p. 62).

([2]) Dujardin-Beaumetz et Audigé, *Recherches expérimentales sur la puissance toxique des alcools*, p. 189.

prits ou flegmes auxquels la nouvelle méthode de désinfection peut s'appliquer.

On peut constater, *de visu,* l'application du procédé sur 300^{hlit} de flegmes par vingt-quatre heures, dans l'usine de M. G. Boulet, à Bapeaume-lez-Rouen. Pour toute demande de renseignements spéciaux, s'adresser à M. Jules Delamare, rue du Fardeau, 30, à Rouen, gérant de la Société François Delamare-Deboutteville, G. Boulet et Cie, fondée pour l'exploitation, par vente de licences, des brevets L. Naudin et J. Schneider.

DEVIS.

PROJET D'INSTALLATION DU PROCÉDÉ.

Production de 100 *hectolitres d'alcool à* 100° *en vingt-quatre heures, correspondant au traitement de* 200 *hectolitres de flegmes à* 50°.

En admettant que le séjour des flegmes dans la pile neutre soit de vingt-quatre heures et qu'il faille le même temps pour les électrolyser, il suffirait de deux piles neutres. Nous en prendrons trois, pour assurer une marche régulière et un nettoyage possible.

	fr
3 piles de 125^{hlit} chacune, 3 × 650^{fr} (bacs cylindriques tôle Ardennes ou en bois)......	1950
1 bac récipient, 125^{hlit}	850
4 bacs en bois pour aciduler, de 120^{hlit} (à 3^{fr}, 50 par hectolitre ou 4^{fr})................	1500
1 bac (bois) régulateur avec robinet, pouvant débiter 20^{hlit} à l'heure.................	250
1 électrolyseur...........................	800
A reporter......	5350

	fr
Report..........	5350
1 machine dynamo-électrique (Gramme, Lontin, Siemens) ou autre à courant continu (avec ses transmissions et fils).........	2000
4 bacs (bois) à désaciduler, de 100^{hlit} l'un....	1500
1 bac (bois) pour dissolution du sulfate de cuivre, avec serpentin pour l'échauffement...............................	150
1 pompe cuivre, tuyau cuivre, débit 250^{hlit} à l'heure; hauteur totale, 10^{m}............	700
1 petite pompe cuivre, tuyaux cuivre, débit 100^{hlit} à l'heure, hauteur totale de l'eau, 4^{m}	300
Total.......	10 000^{fr}

A ajouter :

Transmissions pour pompes.................	Mémoire
Tuyaux, robinet et raccordement...........	Mémoire
Installation des cuves et appareils divers....	Mémoire

Il y a en plus les matières premières :

Matières premières	zinc...........	6000^{kg} à 0^{fr},45	2700^{fr}
	sulfate de cuivre.	4000^{kg} à 0^{fr},50	2000^{fr}
	Total......................		4700^{fr}

Le zinc belge, allemand, non laminé, 37^{fr} les 100^{kg} au Havre.

(B. Métaux, 16 juin 1881.)

Nom des esprits ou flegmes auxquels la méthode de désinfection par électrolyse peut s'appliquer.

NOMS des esprits.	LIQUEURS FERMENTÉES qui les fournissent.	PAYS ou on les fabrique.
Esprit-de-vin faible ou eau-de-vie.	Vin.	France, Europe méridionale.
Esprit ou eau-de-vie de fécule ou de pommes de terre.	Fécule ou pulpe de pommes de terre ou glucose.	France, Europe septentrionale.
Esprit ou eau-de-vie de betteraves.	Jus ou pulpe de betteraves.	France, Europe septentrionale.
Esprit de mélasse de betteraves.	Mélasse de betteraves.	France, Europe septentrionale.
Esprit ou eau-de-vie de grains.	Bière ou graines céréales fermentées.	France, Europe septentrionale.
Genièvre ou gin.	Bière ou graines céréales avec baies de genièvre.	France, Europe septentrionale.
Squidam.	Eau-de-vie de grains.	Hollande.
Goldwasser.	Bière ou graines céréales avec autres aromates.	Dantzig.
Whisky.	Orge, seigle, pommes de terre, prunelles sauvages.	Écosse-Irlande.
Kirschenwasser ou kirsch.	Cerises sauvages ou mérises écrasées et fermentées avec leurs noyaux.	Vosges, Meurthe, etc.
Maraschino.	Cerises sauvages ou mérises écrasées et fermentées avec leurs noyaux.	Zara (Dalmatie).

NOMS des esprits.	LIQUEURS FERMENTÉES qui les fournissent.	PAYS où on les fabrique.
Zwelschenwasser.	Variété de prunes nommée *couetche*.	Allemagne, Hongrie, Pologne, Suisse, Alsace, Vosges.
Raki.	Prunes de toute espèce.	Hongrie.
Holerca.	Eau-de-vie de fruit ou d'orge.	Transylvanie.
Sekis-kagavodka.	Lie de vin avec fruits.	Scio.
Slivovitza.	Prunes, Mûres fermentées.	Autriche, Bosnie.
Rakia.	Marc de raisin et aromates.	Dalmatie.
Troster.	Marc de raisin et graminées.	Bords du Rhin.
Araka, arza, arki et ariki.	Lait de jument fermenté.	Tartares, Kalmouks.
Bland.	Petit-lait fermenté.	Iles Orcades, Shetland.
Tafia.	Moût de la canne à sucre.	Antilles.
Rack ou arack.	Moût de la canne à sucre avec écorce aromatique.	Hindoustan.
Rhum ou rum.	Mélasse et écume de sirop de cannes.	Antilles.
Bessabesse.	Rhum de basse qualité fabriqué avec d'impures mélasses.	Madagascar.
Rum.	Sève fermentée de l'érable à sucre.	Amérique du Nord.

NOMS des esprits.	LIQUEURS FERMENTÉES qui les fournissent.	PAYS où on les fabrique
Agua-ardiente.	Sève fermentée de l'agavé américain ou *pulque fuerte*.	Mexique.
Mercal ou mexical.	Sève fermentée de l'agavé américain ou *pulque fuerte*.	Mexique et Nouveau-Mexique.
Cachaza.	Mélasse de canne.	Brésil.
Chicha.	Jus de canne fermenté.	Côte de la N^lle^-Grenade sur l'Atlantique.
Rack.	Sève de cacaoyer.	Amérique du Nord.
Aracki ou rack.	Sève de palmier.	Égypte.
Arrack.	Sève fermentée avec écorce d'acacia.	Indes.
Arrack-mehwah.	Sève fermentée avec addition de fleurs.	Indes.
Arrack-tuba.	Sève fermentée avec addition de fleurs.	Philippines.
Arack.	Eau-de-vie d'orge, de millet et de fruits (mûres, pêches, prunes, etc.). Eau-de-vie raisins secs. Eau-de-vie de dattes. Mélasse fermentée avec riz et vin de palmier areng.	Turkestan. Perse. Shiras (Perse). Batavia et tout l'Archipel malaisien.
Mohuari.	Banane, autres fruits et petite graine inconnue.	Mozambique (Afrique orientale).

NOMS des esprits.	LIQUEURS FERMENTÉES qui les fournissent.	PAYS où on les fabrique.
Statkaiatrava.	Herbe sucrée inconnue.	Kamtchatka.
Wetky.	Eau-de-vie de riz.	Kamtchatka.
Lau-samshu ou chamchou, kneip.	Eau-de-vie de riz.	Siam, Chine, Japon.
Saki ou sakki.	Eau-de-vie de riz.	Japon.
Ruenon.	Eau-de-vie de riz. Liqueur âpre et corrosive.	Cochinchine.
Kao-liang.	Eau-de-vie de sorgho.	Chine.
Show-choo.	Riz bouilli et fermenté et lie de mandurin.	Chine.
Tepache.	Eau-de-vie de maïs ou de raisin.	Passa del Norte, État de Chichuahua (Mexique).

TABLE DES MATIÈRES.

Pages

Introduction 5
Fermentation des matières sucrées 7
Mode de formation des corps étrangers à l'alcool vinique. 8
Alcool mauvais goût. — Alcool neutre 9
Définition des termes techniques 9
Préparation de l'alcool concentré. — Premier moyen proposé 10
Découverte de l'eau-de-vie au XIIIe siècle 11
Laboratoire de distillation au XVIIIe siècle 13
Première grande brûlerie 14
Porta, inventeur de la colonne à plateaux 15
Glauber, inventeur du chauffe-vin au XVIIe siècle 16
Édouard Adam, de Rouen, en 1801, rend industriels les principes découverts par Porta et Glauber 16
Principes alcoogènes 17
Obtention industrielle des alcools; leur rectification et leur désinfection 18
Critique de la rectification par les colonnes 18
Séparation impossible des mauvais goûts contenus dans les flegmes 20
Distillation, par le vide et le froid, des flegmes alcooliques 21
Emploi du noir animal. — Emploi du charbon de bois 22
Procédés de désinfection par le coke et l'huile d'olive 22
Procédés chimiques 23
Produits oxydants (catégorie A) 24
Désinfection des flegmes par barbotage d'air 25
Désinfection par l'air ozonisé et l'oxygène sous pression .. 26
Désinfection par les alcalis (catégorie B) 26

Pages

Désinfection par des produits proposés empiriquement (catégorie C).. 27
Désinfection des flegmes par hydrogénation en milieu neutre.. 28
Gladstone et A. Tribe. — Couple zinc-cuivre.................. 30
Application industrielle du couple zinc-cuivre................. 31
Formation du couple zinc-cuivre................................ 34
Hydrogénation en milieu alcalin et en milieu acide............. 35
Plus-value, de premier jet, du rendement, en alcool bon goût, par hydrogénation des flegmes...................... 36
Eaux-de-vie de betteraves.. 37
Électrolyse des flegmes par les générateurs d'électricité... 37
Historique de la fabrication de l'eau-de-vie de betteraves. 38
Statistique. Production totale française pendant la campagne 1879-1880.. 43
Pourquoi l'eau-de-vie de betteraves est-elle en défaveur?.. 45
Électrolyse des flegmes déjà hydrogénés....................... 47
Désacidulation par le zinc.. 47
Amélioration de la qualité des alcools désinfectés par hydrogénation.. 54
Observations particulières... 54
Projet d'installation du procédé.................................. 56
Nom des esprits ou flegmes auxquels la méthode de désinfection par *électrolyse* peut s'appliquer................. 58

7096 Imprimerie de GAUTHIER-VILLARS, quai des Augustins, 55.

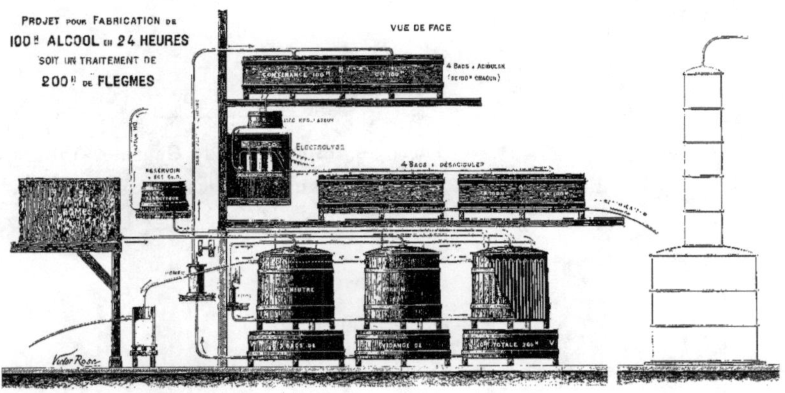
PROJET POUR FABRICATION DE
100H ALCOOL EN 24 HEURES
SOIT UN TRAITEMENT DE
200H DE FLEGMES
VUE DE FACE
4 BACS À ACIDULER
ELECTROLYSE
4 BACS À DÉSACIDULER
RESERVOIR

Paris. — Imprimerie de Gauthier-Villars,
Quai des Augustins, 55.

www.ingramcontent.com/pod-product-compliance
Lightning Source LLC
LaVergne TN
LVHW020046170826
845678LV00001B/453

* 9 7 8 2 3 2 9 6 8 3 6 1 4 *